小島隆雄の袖珍屋教本
-男人的祕密基地-

_Takao Kojima
_OTOKO no KAKUREGA

Brooklyn

男人的祕密基地系列，是小島長年投入的主題之一。本作品為該系列所推出的第三彈，也是系列完終的集大成之作。

美國篇是以布魯克林的倉庫為意象，充滿男人味的空間與過去作品的柔和色調全然迥異，刻意凸顯出粗曠的氛圍。

在近幾年的袖珍屋製作中，照明器具的進步雖令人深感驚嘆，但本作品依然聚焦在「光線與陰影的演繹」——這也是小島一直關注的主題之一。各處運用效果鮮明的間接照明，讓間接照明形成的陰影襯托出「陰暗」，使作品更具深度。

盒型袖珍屋作品在覆蓋外罩時，依然保留了小小的開口。欣賞者猶如從建物入口處，以宛如鑽入祕密基地的精彩探險形式窺視其中。這種享受作品的獨特方法也正是此類作品的魅力之一。

展示作品時，照明確實非常重要，但作品本身並不會有多餘光線照入內部，因此構思設定時不會因為外在環境影響而出現偏差。

如此展示型態除了能確實傳遞作家想呈現的空間之外，將空間整個覆蓋住的設計方式也非常有趣。可說是營造作品世界觀時相當關鍵的環節。

本書實際在男人的祕密基地 PART Ⅲ 製作現場，詳細記錄下從構思到完成的過程。

模型師完成一項作品時，會對什麼問題感到難以抉擇？會做怎麼樣的思考？根據經驗累積，透過精湛技術將構思轉變為具體樣貌又經歷如何的過程？本書雖然無法逐字逐句放入其中，但仍盡可能地將部分內容傳遞與讀者分享。

然而，本書主要著重於結構主體、部分室內家居的做法，以及思考所需的靈感。希望書中記錄的製作過程，諸如營造粗曠氛圍的訣竅、材料的運用方式、精密計算的設計，能夠為各位在打造自己的祕密基地時，助上一臂之力。

構思

實際製作作品之前，首先要構思。

從最簡略的素描，接著訂立更精細的結構計畫，再以珍珠板等簡易素材製作結構模型，確認整體協調性。

透過流行雜誌、建築與家居相關書籍，以及網路資訊決定作品整體概念，這些構思的彙整可說是最為重要的環節。本作品中，牆壁上如同畫作的水族箱與透過陰影展演的想法，都是製作的基礎。

A 描繪草圖

首先,將腦中的設計畫面在紙上勾勒出來,畫成草圖。慢慢為這些意象注入溫度,使構思逐漸成形。
這個過程非常重要,但又充滿樂趣。

初步草圖。可以看見後方有水族箱的牆壁及閣樓。既然是以倉庫改造的祕密基地作為意象,不妨選擇加入一些桁架結構與外牆,增加粗曠感。

要使意象得以膨脹成形,視覺資料就顯得相當重要。除了照片外,我也常實際到現場拍攝。「看照片的時候,常常會遇到像是閣樓與階梯是怎麼相連,這類太過偏執,卻又想了解該怎麼製作的疑問。可是我們往往很難從照片中看出所以然。」而「小島風格」,就是實際前往各地,進行徹底的調查。

多次調整後的草圖。這時的設計更加明確,也決定好左右牆的風格。由於作品的前方設計是穿越外牆窺探室內的概念,因此外牆便改在描圖紙上畫出,與內裝重疊,順便推敲開口的位置。

B 製作立體結構模型

在紙上大致擬出草圖後,便可用珍珠板做成立體模型。立體呈現後,發現天花板太低,沒有足夠空間置入閣樓,因此修正了原本設定的縱橫比例。既然要以窺探方式欣賞,考量空間的呈現,自然也微調開口處的位置與大小。只要暫時擺入要放置的小物或矮櫃,或是大致擺放板材,就能劃分出空間,延伸想像力。

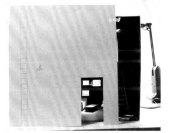

原本是評估擺放直式階梯,但製作模型時,突然想到螺旋梯的點子,於是做了嘗試。卻發現太過新潮,便不予採用……。

裝上水族箱,以桌燈從後方打光,驗證實際呈現。雖然將外牆入口設定為開口處,但還是得評估從哪個位置窺探的效果才會最佳,因此一邊移動紙張、一邊確認。

以珍珠板製作的結構模型。不僅使意象呈現更完整,也更容易察覺結構上的缺點。
接著放入手邊現有的小物,就能更加拓展構思幅度。即便只是塊木片,也能加以運用。

C 設定練習課題

具體的色彩與結構，可以在進入正式製作前，試著練習看看。平時保留這些練習成品，累積足量後便能成為日後重要的參考資料。各位不妨將使用的顏料、技法等詳細筆記在資料中。

練習的過程中，一定會遇到課題。以本作品而言，由於是以牢固的倉庫為意象，因此相當猶豫究竟要採用砂漿地面，還是亂尺的木地板。不只如此，如果採用砂漿地面，那麼閣樓要不要單獨改用木地板呢？選項多到數不清，有時甚至在最後製作階段才決定不採用。「正因為是展現男人剛毅一面的空間，不僅要擺入摩托車，還會猶豫是不是該採用砂漿。接著又會擔心砂漿材質的剛毅性是否不夠強烈……。」

本作品所用的磚瓦資料，是在珍珠板上擬定色彩計畫。但正式製作時，其實是在木頭塗上塑型劑和補土，並用壓克力切割刀與雕刻刀削製而成。

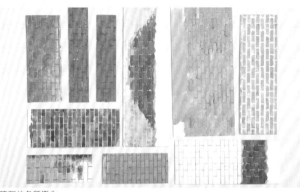

磚瓦的各種變化
不同的顏色與上色方式，將會使磚瓦呈現出截然不同的風格樣貌。這個樣本是過去作品的習作。

即便是一般的壓克力顏料，不同的品牌還是帶有些許色差，如果能實際試塗在要使用的木頭上做成樣本，將會更為方便。我雖然也會將壓克力顏料混合成獨特色調使用，但基本上還是會嘗試各個品牌，直接使用，不做混色。因此嘗試各類型的顏料就非常重要了。

為了營造出倉庫生鏽的感覺，使用「さびてんねん」牌的顏料組。然而底色的壓克力顏料色調會影響完成時的狀態，因此務必嘗試各種底色，實際確認。
然而，さびてんねん會產生鏽斑，因此就算塗法相同，每次的呈現效果仍有些微差異，可說是款相當具有魅力的獨特素材。

D 製圖

使珍珠板模型更臻完整後，便要進行詳細的製圖。本作品採用窺探視角的結構，因此從珍珠板立體模型→製圖的過程極為重要。

從左到右，分別是天花板的結構、外觀、左側結構、右側階梯結構。實際尺寸請參照P.23。

圖面與木材運用法的筆記。裁切材料雖是基本功，但要如何有效率地裁切，個中卻大有學問。

決定作品表現的技法

在作品多元展現上，各種呈現手法可說是相當重要的學習環節。
開始進入正式製作階段之前，建議各位嘗試各種類型，摸索出更
棒的外觀表現。

1▶瓦棒屋頂 在板子上等距黏
上檜木角材。塗上壓克力顏料，
以焦褐色系的粉彩做舊化處理。
在瓦棒的邊緣使用入墨塗料加入
陰影。

2▶鐵皮屋頂 撕開餐具包裝用的紙箱，就能
看見波浪狀的結構。整個塗上灰色的壓克力顏
料，再用數款褐色系壓克力顏料，以拍塗方式
呈現生鏽的感覺。

3▶石板瓦屋頂 取1mm厚的插畫紙板或厚紙
板，塗上陶灰泥，並以褐色系的壓克力顏料著
色，接著切成適當大小的方形。由於拼貼時會
稍微重疊，可以一邊少量著色，一邊黏貼。

4▶石板瓦屋頂根 取1mm厚的插畫紙板，塗上
塑型劑，以灰炭色的壓克力顏料著色後，再以
布沾取少量且未稀釋的白色壓克力顏料，摩擦
整塊紙板。接著切成適當大小的方形，相疊黏
貼重新配置。

5▶杉木拼板屋頂 以鋼刷或釘
有5～6根釘子的工具，刮刷2mm
厚的飛機木，切成適當大小的方
形，並重疊黏貼。

6▶日本瓦屋頂 將1mm厚的插
畫紙板切成單邊25mm的方形，
並切掉2個邊角。沾溼後以治具
夾住，彎成弧形。最後塗上Mr.
METAL COLOR的鐵色。

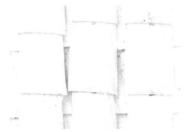

7▶西班牙瓦屋頂 在厚紙板塗抹陶灰泥，再
塗上磚瓦色的壓克力顏料。待乾燥後，將厚紙
板切成20mm寬。接著以水沾溼，將塗有陶灰泥
的一面固定作為表面，捲在直徑15mm的圓棒
上，並以橡皮筋固定，乾燥後便塑成圓弧形。
接著切成30mm長，再以剪刀裁成單邊寬11mm
的梯形。取塗有陶灰泥的一面為表面，做出凹
凸組合並黏貼。（圖為未塗裝狀態）

8▶地面 以褐色系的壓克力顏料打底。整面
塗上稀釋過的木工用接著劑，趁變乾前撒入大
量模型用砂，以畫筆適時調整。接著在木工用
接著劑的水溶液中，混入少量中性洗劑，並以
滴管吸取，分次滲流入砂中。乾燥後，輕輕搖
動成品，搖出多餘的砂子。

9▶草皮 以綠色系的壓克力顏料打底。整面
塗上稀釋過的木工用接著劑，趁變乾前撒入大
量的模型用草皮粉，並用畫筆調整。接著在木
工用接著劑的水溶液中，混入少量中性洗劑，
並以滴管吸取，分次滲流入草皮中。乾燥後，
再將未黏合的草皮粉搖落。

10▶磚塊牆 以原子筆或鐵筆在珍珠板畫出磚塊接縫，用海綿沾取混合壓克力顏料＋帶光澤的透明漆，以像是模板印刷的方式拍打上色。乾燥後，將補土填入接縫，趁變乾前擦拭掉多餘補土。

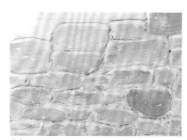

11▶石砌牆、石砌地面 以原子筆或鐵筆在珍珠板畫出石頭的形狀，並塗抹陶灰泥。先整個塗上接縫的顏色，再以海綿拍塗石頭顏色。這樣接縫處就不會附著石頭的顏色，並浮出描繪的線條。

12▶石砌＋砂漿 以方法11製作石砌部分。砂漿質感的牆壁可在陶灰泥中混入壓克力顏料，並以油畫刀沾取塗抹。石頭部分則是以指甲按壓，做出皺褶。

13▶石砌 將捏皺的鋁箔紙捲在桿麵棍，再將石粉黏土桿成2～3mm。利用鋁箔紙重現石頭的皺褶。將變硬的黏土剝開，拼裝後再黏合。以壓克力顏料拍塗上色後，再塗抹透明漆。再用已上色的補土填埋縫隙，在變乾之前擦拭。使用透明漆能夠讓補土更容易擦拭。

14▶白牆 用油畫刀在板子上塗抹陶灰泥，並以壓克力顏料上色。使用油畫刀時，可以想像一下水泥師傅的動作。

15▶粗面白牆 如果在塗料中混入麗可得（Liquitex）的樹脂沙添加劑，就能呈現出牆面粗糙的感覺。

16▶漆喰 整面塗上牆壁補土，再以手指畫圓加入紋樣。若補土太厚，高低落差會相當明顯，看起來就會變得有些隆起。

17▶漆牆 以塗牆般的筆觸塗抹塑型劑。漆上壓克力顏料後，再整個塗上焦褐色系的水性著色劑，最後以布擦拭。

18▶砂牆 以油畫刀塗上陶灰泥，塗抹時應盡量避免塗出造型。以米色壓克力顏料上色後，再塗上稀釋的焦褐色系水性著色劑，接著用布拍拭。拍拭後便能去除畫筆痕跡，呈現自然的髒汙。

19▶舊化黑牆 在板子塗上深灰色系的壓克力顏料，並用海綿沾取灰色、米色、黑色等數色的壓克力顏料，以拍打方式上色做舊化處理。

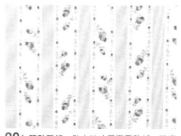

20▶張貼壁紙 貼上袖珍屋專用壁紙。將事務用膠水與木工用接著劑混合，以水稀釋後塗抹。黏貼時，刮刀須從中間朝外按壓，避免殘留空氣。建議挑選花紋較小的設計，特別是幾何圖案，一貼歪就會變得很醒目，要特別留意。

21▶調整牆壁① 將修補用牆壁補土不均勻地塗抹，接著塗上復古白色的壓克力顏料。

22▶調整牆壁② 以褐色系水性漆將21的牆壁做出髒汙效果。

23▶調整牆壁③ 以砂紙將22的牆壁稍微打磨，表現出粗曠的感覺。

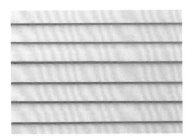

24▶外牆板 將10×2的檜木片重疊2mm並黏合，再以壓克力顏料上色。

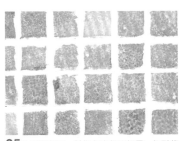

25▶磁磚地面 製作方法與10相同，但形狀是畫成正方形。磁磚表面的紋路，則是在上色時，以較多的水稀釋壓克力顏料，再以海綿拍壓出痕跡。

26▶混凝土 整面塗上灰色壓克力顏料後，再以牙刷直接沾取白色與黑色的壓克力顏料，接著撥弄牙刷，使顏料彈飛成點狀。

27▶磁磚 使用壓克力切割刀，將白色亮面壓克力板刮出方格狀。整面塗上灰色系壓克力顏料後，在完全變乾之前，以乾淨的布擦拭。最後只有刮痕處會殘留灰色顏料。

28▶格紋地面 使用白色的卡典西德（也稱壓克力貼紙），重疊貼上黑色的卡典西德。接著以美工刀畫入格子狀切痕，撕掉黑色貼紙，做出格子狀的市松紋樣。

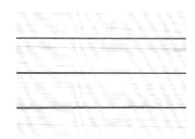

29▶木地板 黏貼檜木片，每片之間取0.5mm的間距。

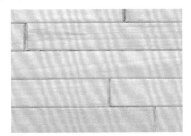

30▶木地板 將檜木材倒角並黏貼，接著塗抹水性苦色劑做最後的調型。

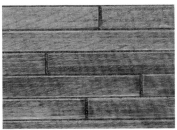

31▶木地板 製作方法與30相同，但使用的著色劑顏色不同。這裡雖然是黏貼好木材後再上色，但若要更講究，可以將每塊倒角的木材單獨上色後再貼合。

Contents 目錄

Tips 製作技巧

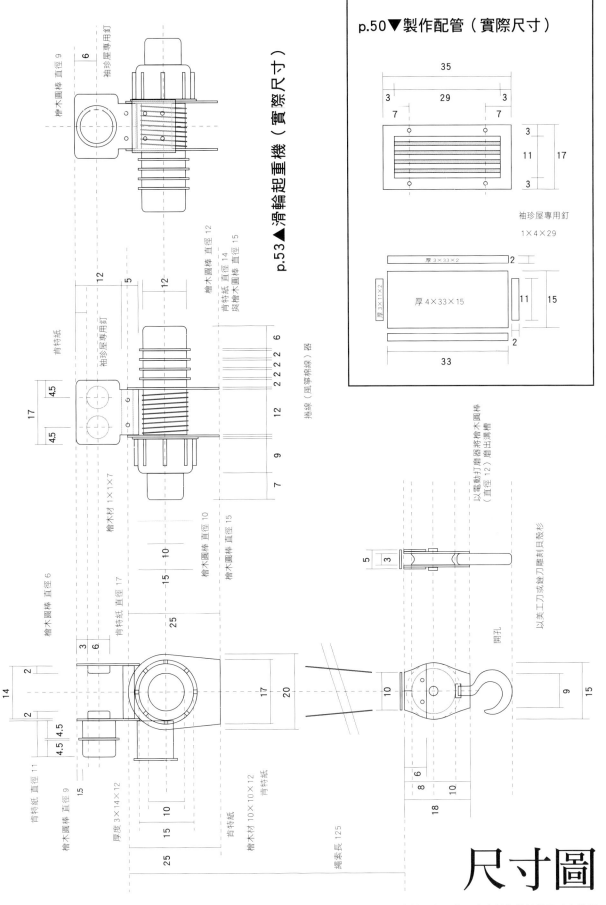

35
3　29　3
7　　　7
3
11　17
3

袖珍屋專用釘
1×4×29

厚 3×33×2
2
厚 3×11×2
厚 4×33×15
11　15
2
33

p.53▲滑輪起重機（實際尺寸）

檜木圓棒 直徑 9
袖珍屋專用釘
6

檜木圓棒 直徑 12
肯特紙 直徑 14
與檜木圓棒 直徑 15
12
5
12

肯特紙
袖珍屋專用釘
17
4.5
4.5

捲線（風箏棉線）器

6
2 2 2 2
12
9
7

檜木材 1×1×7

檜木圓棒 直徑 10
檜木圓棒 直徑 15
15　10
25

肯特紙 直徑 17
3
6

檜木圓棒 直徑 6

以電動打磨器將檜木圓棒
（直徑 12）磨出溝槽
以美工刀或銼刀雕刻貝殼杉

5
3

開孔

9
15

肯特紙 直徑 11
14
2
2
4.5 4.5
1.5

10
8
18

檜木圓棒 直徑 9
厚度 3×14×12
25　15　10

肯特紙
檜木材 10×10×12
17
20

繩索長 125

尺寸圖

數字均為參考值，必須依照實際製作的零件尺寸來搭配。

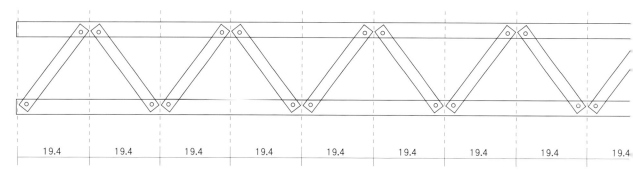

| 19.4 | 19.4 | 19.4 | 19.4 | 19.4 | 19.4 | 19.4 | 19.4 | 19.4 |

27

3

p.32▲天花板鋼筋（實際尺寸）

p.44▼製作掛衣架（實際尺寸）

5

9

115

7

30

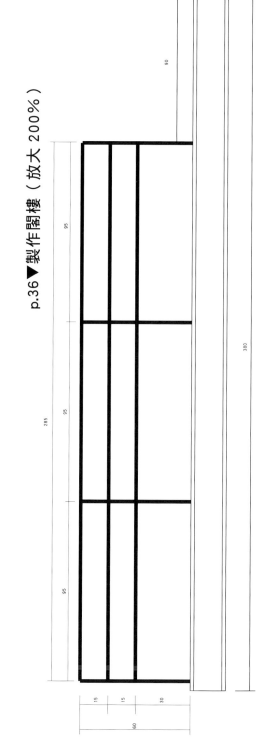

p.36▼製作閣樓（放大200％）

90

95

95

380

285

95

15

15

30

60

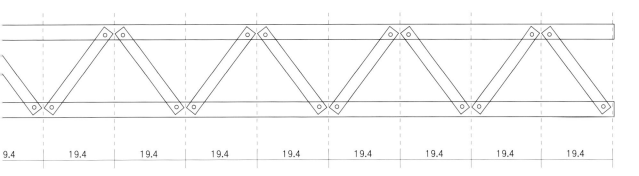

| 9.4 | 19.4 | 19.4 | 19.4 | 19.4 | 19.4 | 19.4 | 19.4 | 19.4 |

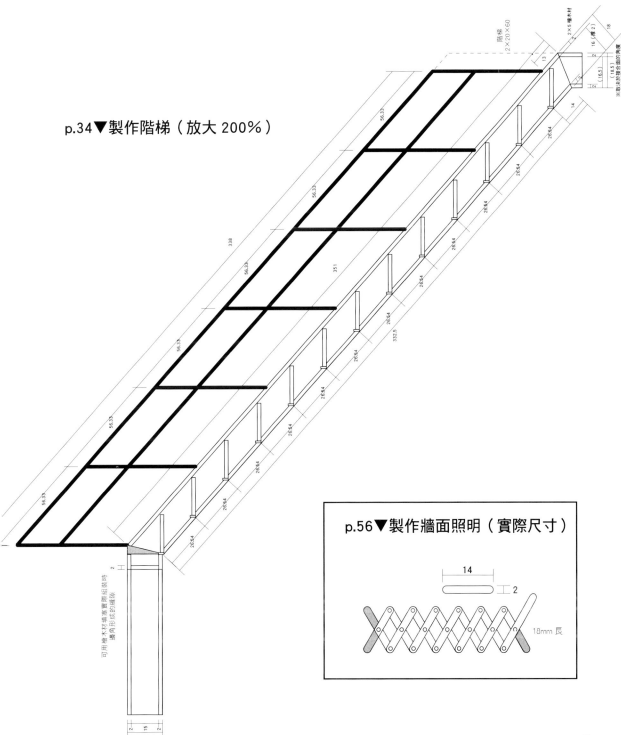

p.34▼製作階梯（放大 200%）

p.56▼製作牆面照明（實際尺寸）

p.46▼鐵網門片式家具 素材尺寸（放大200％）

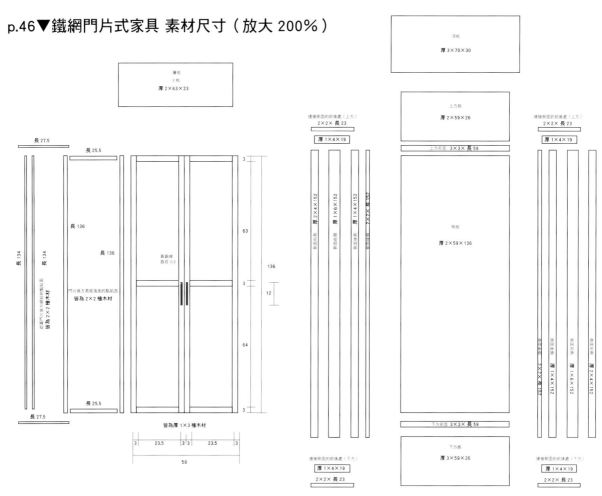

p.49▼工作櫃（放大200％）

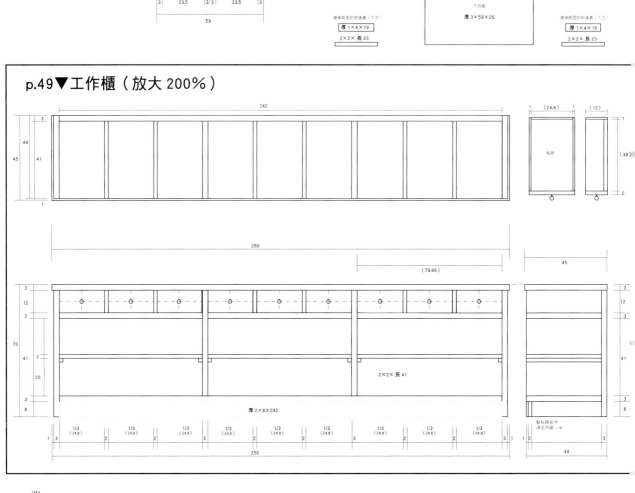

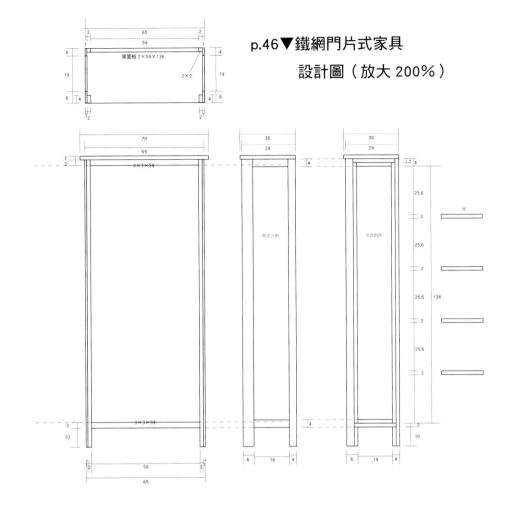

p.46▼鐵網門片式家具
設計圖（放大 200％）

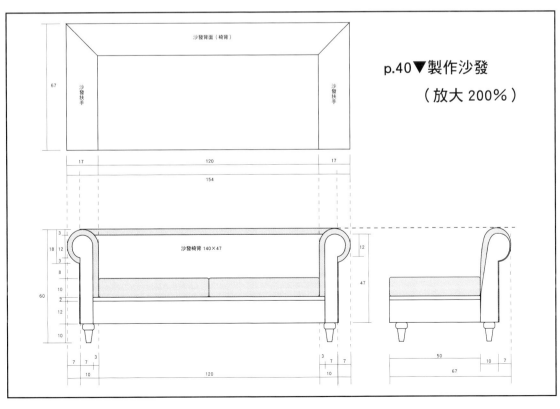

p.40▼製作沙發
（放大 200％）

製作建物

這次是使用9㎜的椴木合板，打造出沉穩、有分量的箱型基本結構。
製作盒型袖珍屋時，固有的取光方式雖然能賦予作品深度感，但本作的
天窗與二樓閣樓後方微開的逃生門，以及熱帶魚水族箱、各處設置的照
明，在設計上都能形成大片陰影。

▶裁切底板

以9mm椴木合板製作底板。本作品沒有複雜的裁切形狀，因此手邊如果沒有電鋸，也可以委由居家修繕中心裁切。
為了使前方外牆更有牆壁的感覺，尺寸設定上會稍微大一些。

❶ 將所有合板切成方形，並試著排列組裝。

❷ 將圖面複寫至合板。先在底板上畫線，定位出後方牆壁要設置水族箱的位置；兩邊的壁板擺放在側，將水族箱牆面的線條延伸畫至兩塊壁板上。雖然可以依照繪圖畫線，但考量測量比較花時間，最後也還是要比對實際尺寸。

❸ 底板兩側黏合牆面處之外的區域不做加工，因此須遮蔽處理。
一旦加工會使得尺寸整個服貼，反而無法黏合，須特別留意。

❹ 使用4mm椴木合板與薄木板，以便挖洞加工放置後方的水族箱。為防止翹曲，須在背面黏上10mm角材補強結構。

補強結構（可任選位置補強）

圖為完成水族箱配線設置

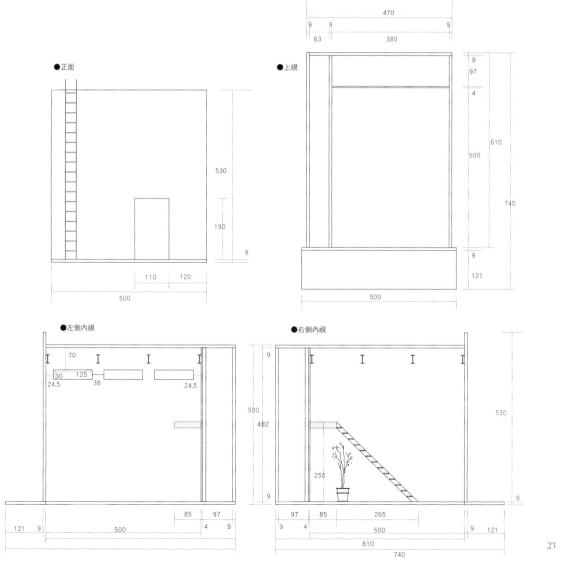

▶製作地面

以木板呈現地面。將薄柚木片隨機（亂尺）鋪滿。帆船模型用的木材會使用銘木，因此能找到相當有趣的素材。

❶ 使用帆船模型用柚木。將1×10mm的木片倒角，隨意切成各種長度。黏合前可先排列看看，模擬整體氛圍。

❷ 避免兩端的木板寬度變細，要先從地面中央開始黏貼，左右同時鋪放。一邊調整尺寸，一邊使用木工用接著劑，將柚木片黏在木地板的位置。

▶製作天花板

這裡使用飛機木（百圓商店販售的泡桐木材）製作天花板，不僅價格低廉，也容易加工。

❶ 在2×20mm的飛機木與要作為橫梁的15×10mm角材表面，用鐵筆沿著木頭紋路畫出刮痕。塗上著色劑，強調凹凸變化，也更富有木頭風貌。

❷ 使用美工刀，將橫梁用的角材倒角。

❸ 塗上油性著色劑或Mr. Weathering Color舊化漆。由於塗料會使接著劑無法黏合，要留意貼合面不可塗抹。上色過深時，可以布擦拭。

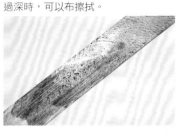

家具專用上色蠟

等待油性著色劑乾燥後，便可以塗上BRIWAX或油畫顏料，加以打磨。接著在鐵筆刮出的溝槽上蠟，木頭看起來會更有質感。

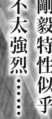

正因為展現男人剛毅本色，不僅要擺入摩托車，也會猶豫是否該以砂漿強化空間氛圍。但又會擔心砂漿的剛毅特性似乎不太強烈……。

24

④ 待上色乾燥後，將木片朝自己方向靠齊，以木工用接著劑黏貼。

⑤ 黏上橫梁，與天花板木片垂直。

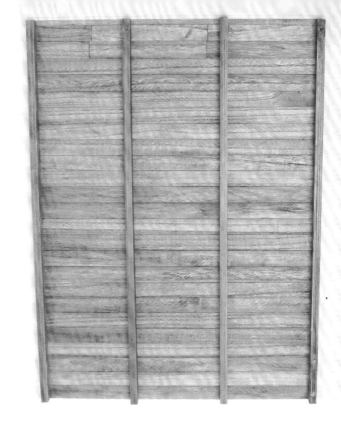

② 塗抹左右2片牆面，待乾燥。

③ 用鉛筆畫出高7 × 寬20mm的磚瓦線條。讓每一層的幅寬錯位。

▶磚瓦牆（1）
製作牆底

① 將牆壁背面要黏貼的部分遮蔽，接著以抹刀塗上室內牆面修補用補土（牆壁補土）。抹刀塗抹的痕跡會變成磚瓦的紋路，因此無須刮得太平整。補土的厚度必須蓋過木頭紋路。

牆壁補土的延伸應用

在修補牆面用補土（牆壁補土）加入石膏後，補土質地就會變硬，塗抹後的風貌也會不同。此外，塗抹補土後必須使其自然乾燥，用吹風機吹乾有可能會產生龜裂。不過各位也可以塗抹厚厚一層補土，再以吹風機刻意吹出龜裂痕跡。

如何精準描繪大量的線條

在畫磚瓦高7mm的間距時，即便心想著一定要畫出筆直的線條，但不管怎樣還是會錯位。此時可先畫出70mm間距的線，再將每個間距10等分，較能避免錯位。

▶磚瓦牆（2）
雕刻磚瓦形狀

❶ 〔刻線〕以壓克力切割刀刻出橫向長線。擺上直尺，分次刻描線條，較能避免錯位。

❷ 〔雕刻〕擺上直尺，以三角雕刻刀刻出縱向短線。無論縱向或橫向線條，即使刻到能看見下方的木質底板也無妨，儘管用力下刀。刻痕太淺的話，上色後磚瓦接縫就會消失。

❸ 刻完所有的縱橫線條後，可以塑型劑加入凹凸變化，或是用刀具削掉磚瓦邊角，更添風貌。

刻線歪掉了
該怎麼處理才好

刻線時，若出現失誤或錯位，可在要修改的位置及四周填埋塑型劑，待乾燥後，再重新刻線。

▶磚瓦牆（3）
上色

❶ 〔塗抹接縫〕將整面牆塗上灰色的壓克力顏料。這會成為接縫處的顏色，因此溝槽處也務必確實塗抹。

❷ 〔塗抹磚瓦〕待接縫的顏料乾燥之後，再使用印畫用海綿，拍塗數款褐色系的壓克力顏料。以海綿沾取數種不同顏色的顏料且不做混色，便能呈現自然的漸層。不要一口氣用力拍壓，而是一點一點稍微重疊，讓顏色更有深度。

❸ 以拍塗的方式上色，可避免接縫附著顏色，浮現出雕刻的紋樣。接著等待顏料變乾。

試塗現有的顏料
製作色表

將顏料塗在木頭等材質上，待乾燥後，便成為可掌握實際呈現效果的資料庫，這對於作品構思會相當有幫助。
以修繕的觀點來看，與其混色，有時直接使用顏料的效果反而更好。

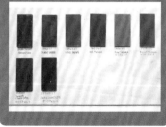

製作時，別過於追求完美，帶點隨興反而更有韻味。
我的作品中，有不少都是帶有這種感覺的磚瓦建築呢。
這也是因為常取材美國、英國等國外建築的緣故吧……。

▶磚瓦牆開窗

❶〔挖洞〕面朝建物，在左側上方挖設窗戶取光。沿著磚瓦接縫，遮蔽框出窗戶位置，再以電動打磨器或錐子挖出10mm左右的孔洞，使鋸刀能順利進入。

❷ 沿著接縫，以細齒鋸刀裁鋸。切面則以銼刀加工處理。

❸〔製作窗戶切面的磚瓦〕塗抹塑型劑，厚度以約能遮蓋木頭層為準，待其乾燥。挖洞時，若出現缺塊，則必須填埋塑型劑加以修補。

❹ 沿著接縫線條，刻出磚瓦溝槽。

❺ 以接縫為中心，塗上灰色（接縫用色）壓克力顏料。

❻ 接著以和牆面相同的方式，使用印畫海綿沾取褐色系壓克力顏料上色。邊角等細節處則使用畫筆。

陰影的上色

將窗框邊角加入較深的漸層變化，便能呈現出陰影效果，使成品看起來更加立體。

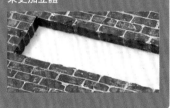

❼ 在45×135mm的聚苯乙烯板，噴上看起來呈霧面效果的霧面噴漆，待其乾燥。

❽ 在挖洞處後方，使用雙面膠貼上窗戶。黏貼聚苯乙烯板時，若接著劑滲出會變得很明顯，因此傾向使用雙面膠。

❾ 運用Mr. METAL COLOR的黑鐵色，將2×2mm檜木條（外框）與1×1mm檜木條（內框）上色。待顏料乾燥後，再以軟布擦拭，便能呈現出金屬質感般的光澤。

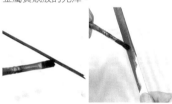

❿ 將2×2mm檜木條依照窗戶的實際尺寸裁切，並以2mm寬的雙面膠做黏合。

比對實際尺寸

即便事前經過設計、丈量尺寸，製作過程中還是可能會出現幾公釐的誤差。因此針對窗框等絕不可出現間隙的部分，製作時必須確實比對實際尺寸。
想要讓成品漂亮的祕訣，就在於零件裁切時尺寸要稍微大一些。接著擺放上裁切好的零件，再以銼刀修整微調，會比較容易取得完全一致的尺寸。

⓫ 在窗戶內側畫出5條線，將窗戶6等分，作為黏貼內框時的參考線（採從磚瓦中間等分的設計）。

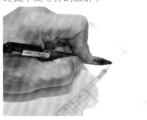

⓬ 取已上色的1×1mm檜木條，比照實際尺寸後裁切，並點上3～4處的瞬間膠，依照參考線做黏貼。

▶製作書本

❶ 貼合數張黃色厚紙板，做出書本的厚度。

❷ 印刷出可自由使用的書封圖像，並將步驟❶的紙板裹起黏貼。

❸ 利用舊化粉餅或壓克力顏料，做舊化處理。

❹ 以美工刀在厚紙板側面畫入數條切痕，並用手指剝開書本內頁。

引入外光（燈光），讓內裝設計的照明恰到好處。

▶水族箱與書架用牆

① 為方便挖洞，後方牆面選用較薄的三合板，並以美工刀在需要挖洞的位置下刀。

想要完全切齊邊角會有些困難，因此不必堅持一次切開，有耐心地從兩側刮描裁切。挖洞後，再以銼刀修整切口。

② 塗上黑色壓克力顏料。乾燥後，再取數款灰色系的壓克力顏料，以印畫的要領重疊塗繪，做舊化處理。

③ 裁切3mm厚的檜木材，橫幅寬度比照挖洞處的尺寸，高度則比挖洞處多2mm左右。

④ 以木工用接著劑組裝。

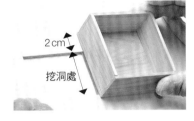

⑤ 在箱子內側，重疊塗上數款以灰炭色為主的壓克力顏料。

⑥ 使用手鑽或電動打磨器，在上方中間處挖出3mm左右的孔洞。

⑦ 以多用途接著劑，將袖珍屋專用的LED（12V∅3mm圓頭型LED）黏貼在挖開的孔洞中。

⑧ 將裝設於水族箱與書架周圍的裝飾框（市售品）上色。塗上灰炭色壓克力顏料後，做舊化處理（以畫筆取淡灰色顏料乾刷）。

⑨ 將箱盒黏上牆面的挖洞處，接著黏上邊框。

⑩ 可依自己的家居喜好，黏入書本或水族箱。本作品使用小林美幸老師製作的熱帶魚水族箱。

水族箱的照明與配線

沿著挖洞處下方，黏貼上板子（尺寸不拘），以便固定水族箱。接著在上方距離挖洞處高約1～2㎝的位置，黏上接有LED的板子。
（參考圖中的設定皆為水族箱。）

⑪上方設有照明裝置的逃生門同樣需要挖洞，因此裝飾櫃的挖洞處可依屋內居家設計，挑選自己喜歡的位置。

而這一切都取決於你的目標設定在哪裡。

使成品一點點更逼近理想的樣貌。

即便已經完成，隨時都要勇於重新來過，

仔細看看，水族箱後方的背景圖也稍微顯得浮誇了些。

後方牆面塗上帶點藍綠的灰色後，發現並不是那麼喜歡。

▶逃生門

❶ 將檜木材裁切成 160 × 60mm。

❷ 四邊黏上 2 × 10mm 的檜木條。

❸ 接著黏上 1 × 3mm 的檜木條，以作為中間裝飾。上下傾斜的裝飾棒則是先切取後，再利用銼刀將黏合處磨斜，調整尺寸。

❹ 黏上門把的底板木片，以手鑽在中間鑽孔，接著黏上袖珍屋專用的門把。

❺ 塗上 Mr. METAL COLOR 的黑鐵色。待乾燥後，再以軟布輕輕擦拭，營造出金屬質感。

❻ 塗上さびてんねん的A液（主液），再塗上B液（發色液），待其乾燥。塗料會慢慢產生反應，形成鏽斑。

さびてんねん顏料組

只要在塑膠、樹脂、木材、紙等材質上，塗上主液與發色液後，就會形成紅鏽，這組塗料就是如此不可思議。
主液須事先攪拌均勻後再使用。每次塗抹後鏽斑的形成狀態會稍有不同，因此需要事先熟悉其變化。

塗抹後會形成真正的紅鏽，即使塗抹多次，每次的上鏽狀態多少會不同，相當有趣。

▶天花板的鋼構

尺寸圖→P.18

❶〔桁架結構體〕準備桁架結構的材料。將1×3mm檜木角材切成27mm長。裁切數量較多時，使用裁切器會較為方便。若無裁切器，可以美工刀作業。

需要18條角材，可多準備一些備用。

❷〔L形鋼〕將1×4mm木材切成350mm長，黏成L形。須製作4組。

❸將完成的L形鋼放置於圖面（→P.18）上，用自動鉛筆在桁架結構的黏貼處做記號。（使用複印的圖面）

❹〔組裝〕於圖面貼上木片，製作治具。將著將L形檜木條與治具夾組，使用木工用接著劑，將桁架結構體黏在記號處。

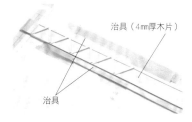

治具（4mm厚木片）

治具

❺全部黏好。

❻桁架間黏貼補強片。最後完成時，會蓋住這些補強片。

補強片（1mm厚，長度不拘）

❼在桁架結構體與補強片點上木工用接著劑，並黏貼組成L形的檜木條（步驟❷的L形鋼），分別從上下夾住桁架結構體。

如何筆直黏貼

黏貼較長的零件時，不妨使用擋木加以輔助，不僅能避免黏歪，也更容易作業。

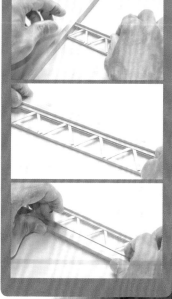

❽使用0.8mm的手鑽，在桁架結構體與L形鋼黏合處鑽孔。

❾切掉袖珍屋專用的釘子尖端，以瞬間膠黏在鑽孔處。

⑩ 在2×4的檜木條等距釘上黃銅釘，黏貼在鋼構單側的短邊上。

⑪ 塗上 Mr. METAL COLOR的黑鐵色。待乾燥後，再塗上さびてんねん的主液與發色液，待其乾燥。

▶製作 H 形鋼

❶ 取2×12的檜木條，在中間夾入2×10檜木條並黏貼固定。

❷ 將 NUTS AND BOLTS 裁切成偏好的大小。圖片中，素材的正面形狀為螺絲、背面則為螺帽。可用銼刀刮掉背面的螺帽，黏貼在 H 形鋼的末端。
若手邊沒有 NUTS AND BOLTS，可在板子黏上袖珍屋專用釘的上部加以替代。

❸ 塗上 Mr. METAL COLOR 的黑鐵色後，再塗上さびてんねん，待其乾燥。

若沒有螺帽螺絲片，其實也是能埋入釘子上部……。
然而，隱藏於細節的真實感，卻是賦予作品整體沉穩表現時不可或缺的元素。

33

▶製作階梯

尺寸圖→P.19

❶ 依照圖面，裁切階梯兩側所需的檜木條。準備左右2條，且形狀須為線對稱。

❷ 以木工用接著劑黏貼每塊零件。

右側面
左側面

❸ 根據圖面（→P.19），分別於左右側面做記號，標示出要黏貼梯面的位置。

❹ 以手鑽在記號處中間鑽孔。

❺ 裁切13片2×20×60的檜木片。可將治具固定於多角度輔助器上，裁切出來的尺寸會更一致。

治具

❻ 於單側邊緣黏上1×3的檜木條。這樣的形狀是為了呈現出用鋼片製作階梯時，會特別凹折單邊，為提升強度所做的加工。

❼ 接著在所有的階梯表面黏貼、包覆花紋鋼片。

花紋鋼片

可從袖珍屋、模型專賣店購買到片狀的花紋鋼片。

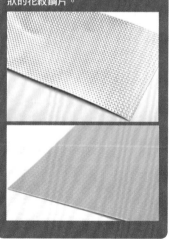

❽ 以手鑽於階梯側面的中間鑽孔。

❾ 插入沾有瞬間膠的釘子。

❿ 用鑷子剪斷釘子上部。

⓫ 在階梯與釘子塗抹木工用接著劑，對齊畫線，並以角尺一邊調整、一邊固定，使梯面與左右兩側呈直角。

⓬ 同樣以木工用接著劑黏上另一側的邊板，待其乾燥。

⓭ 取1×2的黃銅角材做外框，內側則是使用直徑1mm的黃銅圓條，依照繪圖尺寸裁切。將切好的黃銅零件對齊圖面，接著用遮蔽膠帶黏貼。

⓮ 於交會處焊接。

⓯ 焊接過的表面會出現凹凸不平，這時可用金屬銼刀研磨。製作2個相同的扶手。

⓰ 將階梯對齊圖面，在裝設扶手的位置做記號。

⓱ 以手鑽在裝設扶手的每個位置鑽孔。須注意鑽鑿角度，使孔洞與扶手呈垂直。

⓲ 慢慢鑽出孔洞，插入黃銅條並與圖面比對，確認孔洞的角度。上下兩端的黃銅條較粗，因此孔洞也必須稍微大一些。鑽鑿孔洞時亦可整個貫穿。

⓳ 在扶手柱下方沾取瞬間膠，依序插入階梯中。

⓴ 將黃銅零件塗抹金屬用打底漆，靜置乾燥後，再整個塗上Mr. METAL COLOR。可從內側依序塗裝，這樣在等待乾燥的同時，還能繼續作業。

▶製作閣樓

尺寸圖→P.18

❶ 用2×8mm的檜木條夾住2×15mm的檜木條,做出2組長77mm,形狀如H形鋼的零件。

❷ 【側面】將2×8mm的檜木條在2×15mm的檜木條上黏成ㄈ字形。分別製作1組較長(長度為380mm)的檜木條組、2組較短(長度為77mm)的檜木條組。

1組靠外側的檜木條組(長380mm)

2組側邊用的檜木條組(長77mm)

❸ 【組裝】將ㄈ字形的零件黏貼組裝。黏組時須注意ㄈ的方向。

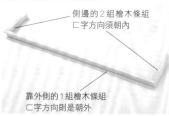

側邊的2組檜木條組
ㄈ字方向須朝內

靠外側的1組檜木條組
ㄈ字方向則是朝外

❹ 將H形鋼以三等分黏貼,背面則以2×20mm的檜木條圍住。

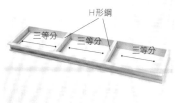

H形鋼

三等分 三等分 三等分

❺ 等距黏上6條2×8mm的檜木條(長77mm),作為小梁。

❻ 於上方黏貼花紋鋼片,使用多用途白膠黏合。

❼ 【扶手】比對圖面,裁切1×2mm的平角黃銅片,並用手鑽鑽出2個用來穿過橫棒的孔洞。

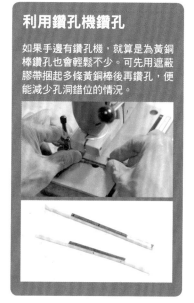

利用鑽孔機鑽孔

如果手邊有鑽孔機,就算是為黃銅棒鑽孔也會輕鬆不少。可先用遮蔽膠帶捆起多條黃銅棒後再鑽孔,便能減少孔洞錯位的情況。

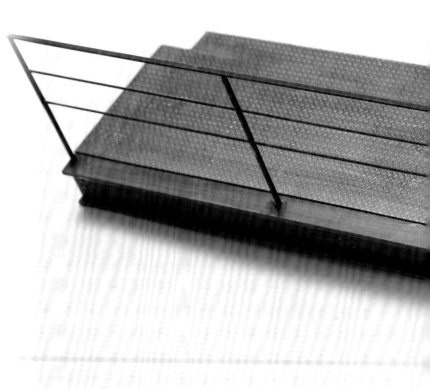

❽ 焊接固定上方的橫棒（長285mm的1×2mm平角黃銅片）與縱向零件棒（步驟❼的黃銅片）。焊接時可比對圖面，組裝時更輕鬆。可事先用帶溫度的抹刀稍微加熱焊接位置，會更容易接著。

❾ 將直徑1mm的黃銅圓棒（長285mm）橫穿過孔洞，以瞬間膠黏住穿孔。

❿ 以手鑽在閣樓靠外側處鑽出要插入扶手的孔洞。由於扶手是使用平角黃銅片，可用美工刀將孔洞挖大。

⓫ 以瞬間膠黏合扶手，再用鋸子鋸掉閣樓左後方要與H形鋼銜接的部位。

⓬ 將黃銅扶手塗上金屬用底漆。

⓭ 乾燥後，再整個塗上 Mr.METAL COLOR的灰鐵色。

> 為了放入這座閣樓，在設定時稍微加高整體的天花板高度。後來在製作結構模型時又進一步追加調整。反覆不斷地微幅調整，逐漸提升作品的完成度。

37

把做好的零件組裝起來時，情緒果然會相當沸騰呢。

實際組裝後，就能充分掌握整體協調性。

這時就會發現，將天花板重疊塗上更深的顏色後，空間看起來顯得有些狹迫。

▶組裝地面、牆壁、天花板、閣樓

❶ 在地面、內側牆面、左側牆面的重點處，鎖上螺釘加以組裝。

❷ 以木工用接著劑黏合後方閣樓，作業時須留意是否保持水平。可用C形夾具固定，待膠水完全乾燥。

❸ 鎖入螺釘，組裝天花板。

（圖片中有暫時擺入階梯。但實際上階梯必須等到配置好所有小物品與家居擺設後，最後才黏合。）

家居小物的展演

袖珍屋內擺放的小物品類型，會大大地影響作品整體的風貌。本書雖然沒有列出所有家具的做法，但仍會針對屋內的主角——沙發、鐵製家具、滑輪起重機（照明設備）、牆壁照明、掛衣架等，稍作說明。

請各位參考書中做法，選擇自己喜愛的色調與風格，打造理想的內裝空間。

▶製作沙發

尺寸圖→P.21

❶〔塑形〕依照尺寸圖（P.21）裁切飛機木。

❷ 畫出扶手草稿。以美工刀沿著形狀切削，為扶手打底。

❸ 以砂紙打磨，磨出草稿的弧形。打磨過程中，必須同時確認正面與側面的形狀。

❹ 依照圖面尺寸，用鋸子切掉要與座墊組合的部分。

❺ 使用筆刀在扶手前方刻出裝飾用溝槽。屆時會將皮革塞入溝槽中，因此深度至少要1mm。

❻ 接著使用手鑽等工具，仔細挑出溝槽中殘留的碎屑。

❼ 以相同方法，施作左右兩側的沙發扶手。

❽ 順著弧度切削沙發椅背。

❾ 在組裝、貼合沙發椅背以及扶手之前，先用銼刀處理接合面，確保平整。利用木工用接著劑黏合後，再磨掉接合面凹凸不平的部分。

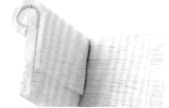

❿ 在沙發椅背與扶手的邊角處，刻出要塞入皮革的溝槽。溝槽的深度須清晰可見。

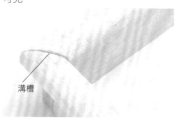

溝槽

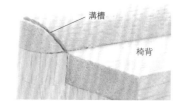

溝槽

椅背

⓫ 依照扶手側面形狀的實際尺寸，裁切型紙。

⓬〔貼覆皮革1〕盡可能選用較薄的皮革貼覆，這裡使用0.3mm厚的皮革。（除了可委託專門削皮的店家，有時也能在袖珍模型展場購得）

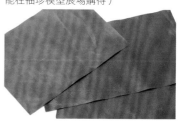

⓭ 依照型紙，裁切2片皮革。（注意左右必須對稱）

⓮ 使用木工用接著劑，將皮革黏貼在扶手正面。趁接著劑變乾以前，以一字螺絲起子將皮革塞入溝槽中，做出木頭紋路。

⓯ 利用剪刀或美工刀，切除無法塞入的皮革。

⓰ 在左右扶手貼上皮革，待其乾燥。

⓱（沙發扶手塑形）貼上2片拼布用鋪棉，包起扶手。將鋪棉靠著扶手，大致取形狀後，再慢慢搭配實際尺寸調整。鋪棉的長度必須能夠包覆至溝槽。

⓲ 左右兩側皆須黏合。

⓳（貼覆皮革2）黏合皮革，包覆起沙發扶手。先從座面遮蓋的部分開始黏貼，圓弧處則是一邊用剪刀剪出切痕、一邊黏貼。扶手正面包裹鋪棉後，使用一字螺絲起子輔助，將鋪棉邊緣塞入溝槽中並黏合。

⓴ 確實黏貼，避免邊角不夠貼合。

㉑ 另一側的扶手，也要以相同方式黏貼皮革。

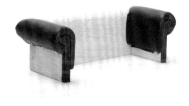

㉒（沙發椅背塑形）在沙發椅背貼上2片拼布用鋪棉。首先，將鋪棉在扶手正面與椅背的接合處剪出切痕，並與椅背貼合。

切痕

㉓ 黏貼下半部，另一側的扶手同樣剪出切痕。分別將兩端往內包裹，並在沙發背面黏貼。

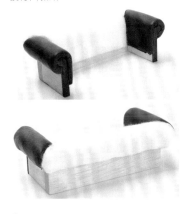

㉔（貼覆皮革3）依照沙發椅背的實際尺寸，裁切型紙。接著依照型紙（參考圖面並配合實際尺寸）裁切皮革。

㉕ 從下方開始黏貼沙發椅背的皮革。黏貼時，須拉緊皮革以免產生皺褶，並用一字螺絲起子將皮革邊緣塞入溝槽。接著劑會留下汙痕，因此外露的部分不可沾取接著劑。

㉖待接著劑乾燥。

㉗〔底面塑形〕在底板的長邊側，貼上2片拼布用鋪棉。

㉘〔貼覆皮革4〕在底板的內側塗抹木工用接著劑，黏貼皮革，將整個底板包覆住。

㉙短邊同樣沾取木工用接著劑，將皮革裹起包覆。

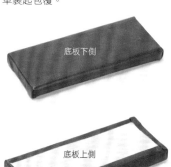

底板下側

底板上側

㉚座面同樣貼覆皮革。雖然此處木板夾在中間，基本上會被遮蓋，但有時還是能從座墊縫隙看見內裡，因此仍需要貼上皮革。

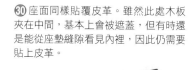

㉛〔泡棉塑形〕在座墊泡棉用的木板貼上1片拼布用鋪棉。

呈現皮革的質感

在座墊貼上皮革與鋪棉時，為了呈現出坐壓後的凹陷效果，可事先搓揉皮革，產生皺褶。

㉜〔貼覆皮革5〕在座墊上黏貼皮革，製作2塊相同的座墊。

㉝黏貼皮革，包覆沙發底面。

㉞在椅背後方與兩邊的扶手外側，黏上貼有厚紙板的皮革。

扶手側面

椅背後方

㉟〔打入釘子〕裁切出符合椅背及扶手形狀的型紙。等距做記號，定位出要在沙發打釘的位置。

㊱將型紙固定於座面，並以尖錐在決定好的位置鑽孔。孔洞深度須達到最底端的飛機木。

③⑦ 利用手鑽再次挖鑿，確實將孔洞深挖，如此會比較容易插入釘子。

③⑧ 準備黃銅製的小裝飾釘，在上方依序塗上打底漆與壓克力顏料。可將釘子插入珍珠板，塗繪時會比較輕鬆。建議準備比需求量稍微多一些的釘子數量。

③⑨ 釘子尖端沾取瞬間膠，將整支釘子確實插入，使中間的鋪棉稍微凹陷。可使用釘衝讓釘子完全插入。

④⓪ 貼合座面與底板。

④① 貼上座面的2塊座墊。

④② 切掉裝飾條末端，做成沙發腳。

④③ 塗上木器著色劑。鑿洞後，打入釘子，並用鉗子剪斷釘子上方。

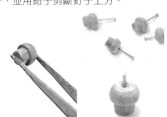

④④ 以手鑽在要插入沙發腳的位置鑽洞。

④⑤ 在插入沙發腳的釘子上方沾取瞬間膠，並插入沙發中。組裝4隻沙發腳。

④⑥ 用錐子刻線，連接起釘子與釘子。

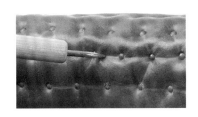

> 素材的挑選，同時也決定了製作的方法。就我個人而言，多半還是會從木工的角度出發思索。

43

▶製作掛衣架

尺寸圖→P.18

❶〔型形〕先製作掛衣服的掛鉤。將直徑1.5mm的黃銅線彎繞在圓棍上，用鉗子剪掉線圈多餘的部分。

剪掉

❷ 線圈一端靠在圓棍上，彎折弧形，依照型紙（P.18）慢慢折出形狀。

❸ 利用鉗子前端，將黃銅線末端捲成圓弧狀。

❹ 以相同方式捲彎黃銅線，同時也製作掛衣架的腳架。

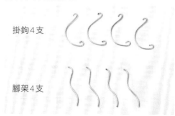

掛鉤4支

腳架4支

形狀一致的重要性

掛衣服的掛鉤與腳架，分別需要4支零件。完成1支的形狀後，再接著製作剩餘3支零件，必須盡可能地讓形狀保持一致，這樣成品才會漂亮。

同時調整2支金屬線的形狀

❺ 將黃銅線繞在圓棍上，依序製作中間支柱頂端與支撐腳架的大小圓圈。（頂端圓圈的直徑為5mm，腳架圓圈的直徑為30mm）
從圓圈交會處剪掉，這樣才能製作出漂亮圓形的金屬圈。
再以相同方式製作大圓，中間支柱則使用較粗的黃銅線。

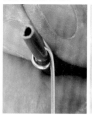 

剪掉

❻ 備齊材料。

---

❼〔組裝〕製作治具。將直徑3mm的金屬線垂直固定在木板上，高度約25mm。接著取用較粗的金屬管，烙銲在被固定的黃銅線頂端。

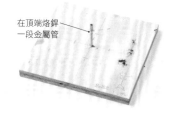

在頂端烙銲一段金屬管

❽ 將作為中間支柱的直徑2mm黃銅線（長115mm）插入治具金屬管中。

❾ 接著在木板上刻出14mm的切痕作為治具，製作4組，用來固定腳架。

❿ 固定4支腳架。腳架與中間黃銅線的接合點必須齊高。

⓫ 在接合處塗上金屬用底漆。

⑫ 焊接接合處。

烙銲的訣竅

如果是將腳架一支支地焊接在支柱上，會變得容易脫落。建議先固定4支腳架後，再一起烙銲，成品會更加漂亮。

⑬ 在腳架內側裝上金屬圈，並以遮蔽膠帶固定。焊接時，如果能使金屬圈的燒焊痕跡與腳架的位置重疊，就能遮蓋接合處，看起來更美觀。

⑭ 在木板加工出9mm的溝槽，製作治具。搭配步驟❼的治具，插入銲上腳架的中間支柱。
以治具固定，並烙銲形狀對稱的2組掛鉤零件。

⑮ 剩下的2組以相同方式銲上。

⑯ 烙銲固定頂端的小圓圈。

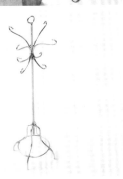

⑰ 上色 塗上金屬打底用塗料後，再漆上Mr. METAL COLOR的黑鐵色。

⑱ 使用眼影棒，塗上TAMIYA舊化粉彩。

日常生活中可見、同時也相當喜歡的設計，自然會悄悄記在心裡。這座掛衣架，就是取自記憶中的設計。

▶鐵網門片式家具

尺寸圖→P.20～21

①〔本體側面〕
為了預留黏貼網紗的空間，營造出鐵網風格，必須先貼合不同尺寸的檜木條。首先黏合四個邊，圍出直角。

② 裁剪製作衣服用的網紗（黑色），尺寸須符合內框。

③ 在內框的落差處沾取木工用接著劑，稍微拉緊網紗並黏上。可利用平坦工具對齊角落，使邊緣也能完全貼合。

④〔背板〕在背板上標示要安裝層架的位置記號（等距）。

⑤〔組裝1〕將單片側板與上板組合，以木工用接著劑與背板黏貼，留意須保持直角。

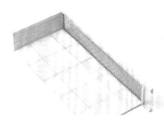

⑥〔層板〕裝上層板後，邊緣會變得較難塗裝，因此可先以Mr. METAL COLOR的黑鐵色上色。如果會在意木頭紋路，建議可以在上色前，漆上打底劑，以便去除木紋。

⑦ 將層板黏貼在背板上時，須一邊以角尺確認是否為直角。

⑧ 將所有層板黏貼在設定的位置上。

⑨〔組裝2〕貼上底板，並黏貼另一邊的側板。於層板兩端沾取木工用接著劑黏貼，避免網子沾到接著劑。

⑩ 在上板與底板黏貼3mm的角材。

⑪ 於上板上方，再黏貼尺寸稍大的頂板。黏貼大面積的平面時容易出現翹曲，因此可用C形夾具固定，直到乾燥為止。

⑫ 比對實際尺寸，製作完全貼合的門片。依照層架長邊，裁切1×4mm的檜木條。（總計4支）

⑬ 依照短邊，裁切6支1×3mm的檜木條。黏貼並組成框架。

⑭ 黏上2×2mm的檜木條，圍起外框。可稍微裁切得長一些，再比對實際大小以砂紙打磨，會比較容易掌握尺寸。

⑮ 製作2片門片，組裝上本體，確認大小。

太大時，可以砂紙打磨微調；太小的話，直接重做比較有效率。

⑯ 在門片內側黏上黑色網紗。黏貼時稍微拉緊網紗，看起來會更像金屬網。

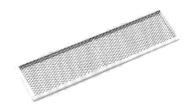

⑰ 用1×1mm的檜木條埋住網紗黏貼處的落差。這樣開啟門片時就能遮蓋黏貼處，看起來會更美觀。

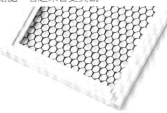

⑱ 本體與門片皆塗上Mr. METAL COLOR的黑鐵色。

⑲ 將直徑0.8mm的黃銅圓條彎成匚字形，作為把手。先塑出1支把手後，再順著形狀彎出第2支，形狀會更一致。

⑳ 使用手鑽在安裝門片把手的位置鑽洞，再用多用途接著劑黏上把手。

㉑ 在門片的上中下三處裝上袖珍屋專用的開關鉸鏈。以手鑽鑽出0.7mm的孔洞，接著用沾有凝膠狀瞬間膠的釘子加以固定。

㉒ 塗上金屬打底用塗料，接著塗Mr. METAL COLOR的黑鐵色。

㉓ 用手鑽在背板上方鑽洞，穿入LED燈泡，並以黑色遮蔽膠帶固定。

▶其他家具範例

每個抽屜都能隨意開關。雖然左邊的書桌及右邊的櫃子都是木工製成，但兩者分別運用 Briwax 拋光上色蠟與 Mr. METAL COLOR 加工，因此呈現出來的質感完全不同。

製作抽屜時，即便推算出尺寸，也還是必須比照實際數值來裁切，才能得出大小剛好的尺寸。當相同尺寸的抽屜數量較多時，建議在不起眼的地方標記是哪個位置的抽屜。由於是比照實際尺寸製作，每個抽屜的多少還是會有些許差異。

漂亮的矮桌桌腳。其中大桌腳是將現成的工程用滑輪舊化處理並重新上色，小桌腳則是我親手製作。

桌面使用泡桐木，散發出未經修飾的氛圍；用布沾取少量油畫顏料搓拭，可呈現歲月所累積的老舊變化。

這個設計更是充分展現充滿男子氣息的工業風格。

在地面貼上LED光條，為酒櫃加入間接照明的詮釋。同時搭配半透明板，直接固定於牆面上，光線穿透板子照亮了酒瓶瓶身。酒瓶是以現成的樹脂灌模品上色→貼標籤而製成。酒櫃前方的工作櫃不僅能抽出抽屜，層板也可自由裝卸。

尺寸圖→P.20

▶製作配管～1

尺寸圖→P.17

❶ 　　　　　將20mm的檜木圓條塗上打底劑。變乾後，以砂紙打磨，再次塗上打底劑。

打底後磨砂紙

在木頭塗上打底劑後，由於表面吸收水分，木纖維會翹起。這時可用砂紙打磨浮起的纖維。

❷ 從邊緣開始捆捲26號園藝鐵絲。在邊緣與重要位置塗上瞬間膠，將鐵絲斜斜地捲繞整個木條。

園藝鐵絲

表面以紙包裹內裡的鐵絲，素材本身相當柔軟，因此能輕鬆捲繞在其他物品上，也相當容易黏貼。

❸捆完整個木條。

❹將鐵絲塗上打底劑，等待乾燥。

❺〔排氣孔〕製作3個排氣孔。將檜木片裁切成厚4×15×33mm，四邊擺放2×3mm的檜木條。

❻以木工用接著劑黏貼四邊。

2mm
3mm

❼內側塗上深灰色，營造出深度。（陰影的表現）

❽在1×4mm的檜木條塗上焦赭色的壓克力顏料。乾燥後，裁切成4條長29mm的木條。

小零件的上色

要將小零件上色時，先裁切反而會難以握持零件，徒增上色的難度。建議可先上色後再裁切。

❾ 橫向排列，黏貼於邊框當中。

❿將較厚的肯特紙裁切成35×17mm的大小（中間挖出29×11mm的洞）以及包圍四邊的零件。四邊的短邊零件須帶弧形，才能與導管的曲線貼合。

⓫ 使用木工用接著劑，表面黏上裁切好的肯特紙邊框。

⓬四邊黏上裁切好的肯特紙零件。

⓭ 以手鑽在表面的四個角落鑽孔，打入袖珍屋專用釘。由於排氣孔末端的形狀會被切成圓弧形，因此作業時，須將排氣孔擺在圓條上。

⓮ 以木工用接著劑將排氣孔黏貼在導管上。與鐵絲重疊的部分則要畫入切口，避免排氣孔無法服貼。

⓯ 在導管末端黏上尺寸稍大且較厚的肯特紙。

⓰ 以手鑽在4個位置鑽洞，將袖珍屋專用釘沾取瞬間膠後插入洞中。

⓱ 與鋼構相接的零件 製作3個零件。將0.3mm厚的鋁片裁切成4mm寬。以美工刀畫出切痕，接著用鉗子沿著切痕凹折即可。

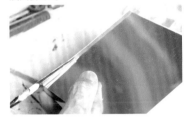

裁切鋁片的技巧

直接用剪刀裁剪鋁片，剪下來的零件會整個捲曲，反而不容易使用。此時不妨先用美工刀畫出切痕，再以鉗子夾住凹折分離。

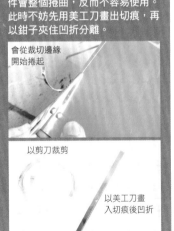

會從裁切邊緣開始捲起

以剪刀裁剪

以美工刀畫入切痕後凹折

⓲ 將裁切好的鋁片捲在與配管同直徑的圓棒上，並以鉗子將鋁片夾彎。剪成適當長度，兩端則是凹折成ㄈ字形。

⓳ 比對與鋼構的位置，用瞬間膠黏貼上零件。（建議可先將鋼構設置於天花板後，再製作排氣孔）

⓴ 將排氣孔（不包含前方格子處）、與鋼構相接的零件，以及檜木圓棒切面的圓形零件塗上打底劑。

塗上打底劑

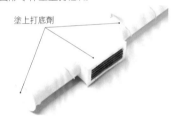

㉑ 待打底劑乾燥後，再以焦棕色與焦赭色的壓克力顏料上色。無須均勻塗抹，可不斷變化畫筆方向，用短筆觸隨興塗繪，就能表現出生鏽的感覺。

▶製作配管～2

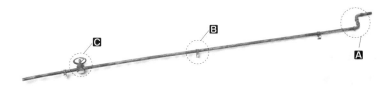

❶〔 Ａ 配管的造型轉化〕配管的尺寸長短可依自己的喜好設定。首先用板手將鋁棒彎成直角。

❷將切成細條的鋁片捲在管子上，利用管子塑形，並以瞬間膠固定。

❸〔 Ｂ 與牆壁相接的零件〕將鋁片以步驟❷的方式捲彎後，再把兩端彎成ㄴ形。（圖為完成塗裝的零件成品）

❹〔 Ｃ 開關閥〕在檜木圓棒上挖出能穿過管子的孔洞。

❺將前端削圓。可把圓棒固定在電動螺絲起子上，只要抵著砂紙並啟動螺絲起子，就能輕鬆研磨加工。裁切成需要的長度，頂端再挖出要黏上開關閥零件的孔洞。

❻以瞬間膠黏上現成的開關閥。

活用現成零件

機械類的塑膠模型當中，就有許多袖珍屋也能派上用場的零件，不妨多加利用。

❼〔 Ｄ 另一種配管造型〕如果配管的鋁棒較細，可使用腳踏車輪胎氣嘴的橡膠軟管來做變化。將鋁棒穿過軟管，以打火機加熱，使橡膠收縮。塑形後可再次加熱，強化收縮橡膠。

❽〔 Ｅ 與牆壁相接的零件〕使用較小的羊眼螺絲釘，以瞬間膠黏貼固定在看起來較協調的位置上。

❾〔 Ｆ 配管末端〕將較大的管子（圖中使用黃銅管）裁切成適當長度，並以瞬間膠固定。

❿可先塗打底的打底劑，再取焦棕色系的壓克力顏料。上色時，縮短下筆的間距，塗繪出色斑。

▶滑輪起重機

尺寸圖→P.17

❶ □□□□□□□□□□ 將直徑12mm的檜木條切成2mm寬，並將厚紙板裁切成直徑14mm的圓形。如果手邊備有打孔器，就能將厚紙板漂亮地壓出圓形。製作4組黏合檜木條與厚紙板的零件。

❷ 黏合4組零件。一個個黏貼的話容易歪斜，可參照步驟❶的方式，事先備好每一組零件。

❸ 切取6mm長的直徑12mm檜木圓條，將單邊邊角以砂紙磨成圓弧狀。未磨圓的一端則與步驟❷的零件黏合。

❹ 依照圖面裁切2片厚紙板。將12mm長的直徑12mm檜木圓條，夾在2片紙板中間並黏合固定。

❺ 一端再黏上直徑18mm的厚紙板。

❻ 取直徑15mm和10mm的檜木圓條，分別裁切9mm和7mm長，將單邊磨成圓弧狀後相黏合。接著在直徑15mm的檜木圓條上畫出8等分的記號。
接著黏貼在步驟❺的厚紙板上。

❼ 將1×1mm的檜木切成8條7mm長的木條，黏在做記號的位置上。

❽ 捲繞風箏棉線，並保留30cm左右的線頭。捲繞時，要避免棉線重疊，並在起始與結束的位置塗上木工用接著劑，加以固定。

❾ □□□□□□□ 在鋼索捲線器的上方黏貼12×14×厚3mm的檜木片。

❿ 裝上步驟❸的零件。接著比對圖面，裁切厚紙板，黏上2個用直徑6mm檜木條切成2mm厚的零件。重複前一步驟，製作2組相同的零件，面朝面黏在步驟❾的檜木片上。

⓫ 用手鑽鑽出貫穿至檜木片的孔洞，將袖珍屋專用釘沾取瞬間膠，插入其中。兩邊都要製作。

⓬ □□□□□□ 準備12×10×10mm的檜木材，並在12×10mm的一面黏上稍大的厚紙板，用手鑽鑽洞並插入袖珍屋專用釘。準備2個4.5mm長的直徑9mm檜木圓條，在中間夾入稍大的厚紙板。接著將上述2個零件黏在圖片中的位置。

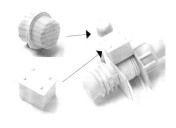

53

⓭〔滑輪〕將直徑12mm的圓棒切取3mm的厚度，中間開洞，安裝在電動打磨機上。只要抵著刀具，轉動打磨機後就能磨出溝槽。

⓮ 比照圖面，裁切2片厚紙板。夾住步驟⓭的零件，並以木工用接著劑黏貼，將釘子穿過中間的孔洞，固定釘子，使2個孔洞的位置相當。待接著劑乾燥後，即可拔除釘子。

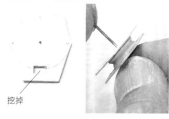

挖掉

⓯ 使用瞬間膠，將直徑2.5mm左右的釘子從兩側黏在孔洞處，露出頂端。接著照圖中所示，在3個位置黏貼厚紙板。

黏上5×10mm的厚紙板

重疊黏貼厚紙板

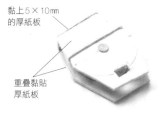

⓰〔金屬吊鉤〕考量到需要做細緻加工，因此比起檜木，建議選擇貝殼杉或厚朴等木紋較少的材料。
描繪原型，裁切後，再以美工刀或砂紙慢慢塑形。

⓱ 在重疊黏貼的厚紙板上，用電動打磨機鑽洞，並以瞬間膠黏上袖珍屋專用釘。接著黏上金屬吊鉤。

黏上釘子

⓲ 將步驟❽的棉線貼著滑輪，並黏貼固定。注意要調整至左右線長相同，長度不同會使金屬吊鉤歪斜。

⓳ 組裝好的狀態。

⓴ 最後塗繪出生鏽的氛圍。將棉線以外的零件塗上打底劑，乾燥後，以短促的筆畫塗上焦棕色顏料，營造出生鏽的感覺。

㉑ 上色完成的狀態。

㉒ 最後與H形鋼組裝配置。
（H形鋼的做法請參照P.33）

▶洗手台

❶（底座）首先將 5mm 厚的木材組成匸字形。

48×30

30×55

❷ 塗上陶灰泥。由於無法一次就蓋住木紋，須分數次重複塗抹。乾燥後，再以砂紙輕輕打磨。

❸ 重複塗上舊化用塗料。以灰黑色畫出陰影，趁乾燥之前以面紙擦拭，會更容易營造出質感。

舊化處理時，須事先掌握使用洗臉盆後容易附著汙垢的位置。

❹ 以手鑽在底座表面中間挖鑿貫穿的孔洞。

❺（洗臉盆）在洗臉盆（現成零件）中間挖洞，並黏入鉚釘。

❻ 待接著劑乾燥後，用 Mr. METAL COLOR 的黑鐵色將整個洗臉盆上色。塗裝乾燥後，再以布擦拭出光澤。

❼ 對準步驟❹的孔洞並黏合。

❽ 利用市售的袖珍屋專用水龍頭及排水管，黏上彎折過的黃銅管。漆上 Mr. METAL COLOR 的黑鐵色，做舊化處理。

❾ 黏接排水管時，須對準洗手台底下的孔洞。水龍頭零件則考量整體的配置協調性，黏貼在牆壁上。

▶打造牆面照明

尺寸圖→P.19

❶ 將直徑1×2mm的檜木條切取14mm的長度，使用裁切器會更方便。重疊2塊木片，並以手鑽在中間鑽洞。

❷ 將袖珍屋專用釘插入洞中（先不黏合），將外露的釘子尖端用鉗子剪掉，並以砂紙打磨。接著重疊2塊木片，將所有邊角用砂紙磨圓。製作6組相同零件。只有與燈罩相接處單邊的檜木片長度須為18mm。（參考步驟❺組裝圖中右側的零件）

❸ 比對圖面（參照P.19），將木片拉開成X形，並以瞬間膠固定。

❹ 以手鑽在黏合處鑽洞。（圖中雖然只有2組，但實際作業時，須先黏好所有零件後再鑽洞）

❺ 將袖珍屋專用釘沾取瞬間膠，插入要黏合的鑽洞處。將外露的釘子尖端用鉗子剪掉，並以砂紙打磨。

❻ 切掉不需要的部分（圖片中切開的部分）。

❼（燈罩）燈罩可使用拉炮的零件。在底部以手鑽鑽出能穿過電線的孔洞。

活用手邊的材料

不同廠牌的拉炮，裡頭的零件也會稍有不同，各位不妨多方嘗試。

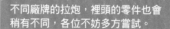

❽ 在燈罩頂端捆上0.3mm厚的長方形鋁片，作為燈罩的接合零件。鋁片末端以手鑽鑽洞。

❾ 以瞬間膠將接合零件黏在伸縮結構的前端。這裡也須使用手鑽，在伸縮結構鑽出安裝接合用的孔洞。將袖珍屋專用釘沾取瞬間膠，插入洞中，用鉗子剪掉外露的尖端，並以砂紙打磨。

❿ 彎曲0.3mm厚的鋁片，做出匚字形零件，作為與牆壁相接的部分。由於伸縮結構上的專用釘尚未黏合固定，可先暫時拆下。
比照下圖，組裝金屬零件，再取新的釘子沾取瞬間膠，插入洞中，以鉗子剪掉多餘部分，並以砂紙打磨。接著繼續黏上其他釘子。

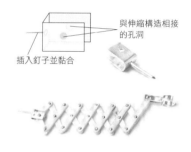

與伸縮構造相接的孔洞

插入釘子並黏合

⓫ 用手鑽在木片上鑽洞，並與步驟❿匚字形零件上的釘子相黏。
黏上燈罩

⓬ 整個塗上Mr. METAL COLOR的黑鐵色。

⓭ 扭捲袖珍屋專用燈泡電線。

加工前　　　扭捲後

info＊作品右後方桌面上的桌燈，以及左後方鐵網門片櫃上的地球儀做法，詳細記載於日本亥辰舍出版的《ドールハウス教本　ミニチュア探偵物語》。

⑭ 將0.3mm厚的鋁片捲成小圓，與袖珍屋專用燈泡的接頭組裝。

由於燈泡會發熱，保險起見建議事先覆蓋，避免燈泡直接與燈罩相觸。

原始狀態　鋁片捲成圓形　組裝後

⑮ 將捲圓的鋁片沾取瞬間膠，黏貼時，注意燈泡須在燈罩的正中央。電線從燈罩後方的孔洞拉出，搭配燈具的伸縮結構，黏在適當處。裝設時，若能讓後方的電線稍微垂落，成品效果看起來會更漂亮。

如何展演舊化效果

在加工本作品的零件時，經常會藉由髒汙（舊化）處理，營造出更未經修飾、使用痕跡明顯的人為活動空間。

舊化所能運用的塗料和方法相當多元，以下介紹其中幾個常見做法。

油畫顏料＋搓拭
塗上亮光漆後，再少量搓拭褐色系油畫顏料，會更有骨董家具的感覺。

BRIWAX拋光上色蠟＋搓拭
拋光上色蠟是能夠用來保護、拋光、上色木製品的加工材料。質感會比亮光漆更有潤澤感。

砂紙
重複漆上塗料後，可用砂紙在重點處輕輕打磨，就能呈現出塗漆經年累月後剝落的感覺。

水性木頭著色劑＋擦拭
抹上補土，塗上壓克力顏料，再塗抹稀釋後的水性著色劑，接著用布擦拭，就能營造出斑駁感。適合用在想製造髒汙效果上。

粉彩顏料＋暈染
粉彩顏料容易營造暈染效果，初學者也能快速上手。可用眼影棒或海綿拍打上色，亦可使用木炭暈染，以紙擦拭上色會佈塗料剝落。若擔心脫落，可在完成時上層保護噴膠定色。

入墨用塗料
在陰影處加入黑色系的顏色，就能大幅增加立體感，提升作品呈現效果。

這個方法在塑膠模型與比例模型的塗裝技法中相當重要，且坊間販售的入墨塗料皆已調好濃度，也附有畫筆，入門輕鬆。

壓克力顏料＋砂紙
為塑膠製品進行舊化處理時，可事先利用砂紙處理粗表面，或是抹上底漆補土，能使顏料咬色效果更佳。將壓克力顏料加水稀釋後，也可作為透明水彩使用。

即便是市售品，只要仔細地做好舊化處理，就能作為小物道具使用，融入情境當中。

圖為市售的迷你模型用油燈，由金屬與玻璃製成。

金屬部分是以塗上GAIA的METAL COLOUR的黑鐵色再加工。

玻璃則是塗上TAMIYA的舊化液。

TAMIYA的舊化液含油分，因此也能塗抹於光滑面。

▶配置靈感

1 仿攝影器材的燈光相當明亮，對於作品的調光有一定幫助。我曾在家居雜誌實際看過這樣的配置，心中便想著有天要來試做看看。

2 房屋中央的照明，是採和滑輪起重機相連的方式來展演。照明器具的燈罩是用燈座中的零件稍加改裝。

3 屋內配管必須先觀察整體的協調性，再置入粗細長短不一的管路。
另外像是開關閥，以及老倉庫經常使用、散發獨特氛圍的設備，則是使用市售的塑膠模型做舊化處理。

4 摩托車乃是由植內宏位老師做舊化處理。工具類與使用痕跡斑斑的工具車，都能加深男人祕密基地的氛圍。

5 逃生門稍微打開並固定住，營造空間的深度。在後方加入仿照自然光的照明，使光與影鮮明對比，便能增加立體感，而且閣樓照入光線後也更顯清楚。

6 熱帶魚水族箱是出自小林美幸老師之手。背景色與牆面顏色相同，並融入燈光演出。

7 配置燈泡，看起來就像是光線從天窗照入倉庫內一般。

8 牆面是以陶灰泥搭配牆壁補土，並利用壓克力顏料做舊化處理，呈現出質感。

9 仔細思考施作舊化的位置，呈現出下雨淋溼後生鏽的部分，讓牆面看起來蒙上一層髒汙。

10 梯子的做法與閣樓扶手一樣，都是在平角黃銅片挖洞後組合而成。

11 電線線軸是以捲筒衛生紙的紙筒作為中間部分，表面黏上檜木薄片。最後在兩端黏上六角螺帽，就能呈現出更加細緻的效果。

12 門板則是將泡桐木刮花，呈現出歷經風吹雨打的變化。

13 在地板塗抹陶灰泥，接著灑上立體透視模型用砂，營造出鋪著一層灰的感覺。

14 塑膠桶其實原本是圓桶造型的削鉛筆器。雖然是塑膠材質，但塗裝後就很像金屬製品呢。

我一直以來都相當嚮往擁有閣樓的祕密基地。這個作品裡，便是在空間中配置自年幼時便非常喜愛的模型飛機與火箭，桌上則擺放袖珍屋的雛形與道具。這樣的作品主題也算是「男人的祕密基地」了。本系列的第一個作品，是為了參與電視演出，主題設定為「自己喜愛的場所」。天花板的吊扇能夠實際轉動。不知各位是否察覺到，當中有不少與第三個作品相關的題材呢？

1996 年製作

映入耀眼陽光的空間當中，最大的特徵就是那裸梁式的挑高天花板了。

坐在從屋內延伸而出的露台，一邊放鬆休息，一邊製作自己感興趣的模型飛機。屋內牆面配置了充滿品味的明信片與照片，整面書牆上擺放喜愛的小東西及藝術品，都是空間氛圍演繹的一環。從祕密基地的第二個作品開始，我嘗試加入燈光效果，無論是桌燈的集中照明，還是牆面的間接照明等，許多細節的呈現技法都能與第三個作品相連結。
2000 年製作

著者： 小島隆雄 Doll house Factory

1954年出生於日本名古屋。從事店鋪設計、施工的同時，也開始動手製作起袖珍屋。曾經於名古屋、橫濱等地舉辦過多次個展，不僅參加過日本東京電視台的「電視冠軍 第1屆袖珍屋選手賽」，作品也曾在名古屋當地電視台的袖珍屋特別節目中展出。作品展出經歷包含2010和2015年的島根縣松江英式花園袖珍屋展、2011年鳥取市歷史博物館袖珍屋展、2012年島根縣濱田市世界兒童美術館袖珍屋展、2013年高知縣立美術館袖珍屋展、2014年青森縣立鄉土館袖珍屋展與沖繩TOMITON袖珍屋展、2015年盛岡市ナナック袖珍屋展、2016年前橋市鈴蘭百貨袖珍屋展，同時也是日本迷你模型作家協會工匠級會員。目前擔任NHK京都文化中心與豐橋文化中心講師，更於自宅開設袖珍屋教室。自2013年7月起，於名古屋榮中日文化中心開設袖珍屋教室。

Instagram▶miniatureworks.tk0814
Facebook▶takao.kojima.90

小島隆雄の袖珍屋教本

著　　者／小島 隆雄

攝　　影／イ・ジュン
設　　計／シマノノノ
編　　集／島野 聡子

出　　版／楓葉社文化事業有限公司
地　　址／新北市板橋區信義路163巷3號10樓
郵 政 劃 撥／19907596 楓書坊文化出版社
網　　址／www.maplebook.com.tw
電　　話／02-2957-6096
傳　　真／02-2957-6435
翻　　譯／蔡婷朱
責 任 編 輯／江琬瑄
內 文 排 版／楊亞容
港 澳 經 銷／泛華發行代理有限公司
定　　價／300元
出版日期／2020年1月

DOLL HOUSE KYUHON vol. 5 - Takao Kojima OTOKO no KAKUREGA
Copyright © 2018 Takao Kojima
Originally published in Japan by Ishinsha INC.,
Chinese (in traditional character only) translation rights arranged
with Ishinsha INC., through CREEK ＆ RIVER Co., Ltd.

國家圖書館出版品預行編目資料

小島隆雄の袖珍屋教本 / 小島隆雄作；
蔡婷朱翻譯. -- 初版. -- 新北市：楓葉社
文化, 2020.04　面；　公分

ISBN 978-986-370-210-8（平裝）

1. 玩具　2. 房屋

479.8　　　　　　　　109001317